超級神奇的身體

流個不停的汗

段張取藝　著／繪

超級神奇的身體

流個不停的汗

2022年11月01日初版第一刷發行

著、繪者　段張取藝
主　　編　陳其衍
美術編輯　黃郁琇
發 行 人　若森稔雄
發 行 所　台灣東販股份有限公司
　　　　　＜地址＞台北市南京東路4段130號2F-1
　　　　　＜電話＞(02)2577-8878
　　　　　＜傳真＞(02)2577-8896
　　　　　＜網址＞http://www.tohan.com.tw
郵撥帳號　1405049-4
法律顧問　蕭雄淋律師
總 經 銷　聯合發行股份有限公司
　　　　　＜電話＞(02)2917-8022

本書簡體書名為《超级麻烦的身体 流个不停的汗》原書號：978-7-115-57489-3經
四川文智立心傳媒有限公司代理，由人民郵電出版社有限公司正式授權，同意經由
台灣東販股份有限公司在香港、澳門特別行政區、台灣地區、新加坡、馬來西亞發
行中文繁體字版本。非經書面同意，不得以任何形式任意重製、轉載。

呼哧 —— 呼哧 ——

出汗 **好麻煩！**

濕漉漉的臭汗總是流個不停。

我們為什麼會出汗呀？

愛搗亂的汗

黏答答的汗實在太討厭了，讓我們一不小心就出糗！

會抓不穩東西

會打不開指紋鎖

腋下會濕漉漉一片

頭髮會黏在臉上

和朋友牽手時會很尷尬

妝全部花掉

穿拖鞋時會腳滑

滑滑梯時會滑不動

睡覺時，出汗會留下
「人形」汗漬

久坐起身後，
會留下屁股形狀的印跡

會讓褲子黏在腿上，
甚至夾在屁股縫裡

打羽毛球時
手打滑

跑步時，汗流得太多，
會像下雨似的

打完籃球後，
衣服上會有一層一層的汗漬

大量運動後，還會散發臭烘烘的汗味

汗味太重，
身體會有蚊子圍著轉

我才不要出汗！

為了不讓自己流汗，或許你有一些大膽的想法！

剃成光頭

光著身子

躲在樹蔭下

往衣服裡塞冰塊

坐熱氣球兜風

睡在水床上

全身掛滿小風扇

躲在別人的影子裡

坐車兜風

兒童品格教育繪本

科學解答

孩子最容易好奇的
生理認知
小百科

8大
生理現象 × 300個
健康知識 × 20件
趣味遊戲

Q 打嗝一直打不停怎麼辦？

Q 為什麼吃完東西一定要刷牙？

Q 臭臭的便便又是怎麼來的？

**每個孩子都對自己身體
「創造的物質」感到好奇**

該如何面對孩子層出不窮且難以解答的問題呢？

就讓《超級神奇的身體》循序漸進地為您一一解答吧！

**以具系統性的科學方式，
讓孩子正確認識自己的身體！**

**輕鬆養成愛護身體，
保持良好衛生的好習慣！**

盪鞦韆吹風

待在冷氣房裡不出去

泡在水裡

住進冰屋裡

住在雪山頂上

住在極地

聽很多冷笑話

心靜自然涼

身體「下雨」啦！

天氣變熱，或大量運動後，我們就會出汗。不停滲出的汗珠就像在下雨一樣，弄得身上難受極了。那麼，我們為什麼會出汗呢？

體溫「報告員」
——下視丘
一旦體溫上升，下視丘就會向全身各處的交感神經發送高溫預警。

汗水「守門員」
——汗腺
受到交感神經的刺激後，汗腺就會打開。汗腺是控制汗液出口的閥門。

高溫「消防員」
——交感神經
接收到下視丘的信號後，交感神經會立刻興奮起來。它的末端連接著無數汗腺。

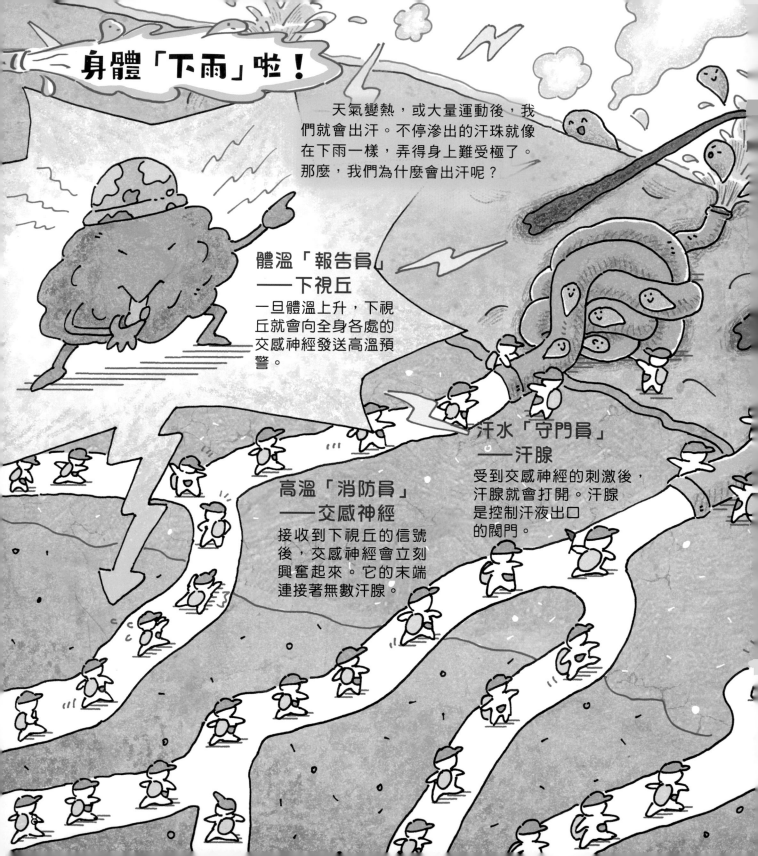

遍布全身的汗腺

人身上的汗腺就像一個個開關，控制著身體裡汗液的排放。它們分為大汗腺和小汗腺兩種，分布在身體的各個角落。

小汗腺

分泌特點

小汗腺分泌的汗液沒有顏色，也沒有味道，99%的成分都是水。除此之外，還有一些水溶性的物質，如鈉、鉀、尿素和氯化物等。

數量

小汗腺的數量因人而異，汗腺少的人大約有200萬個，多的人可以達到500萬個。

工作時間

每天24小時不停工。

分布位置

在人的身體裡，小汗腺幾乎無處不在。分布在手掌和前額的小汗腺尤其多。

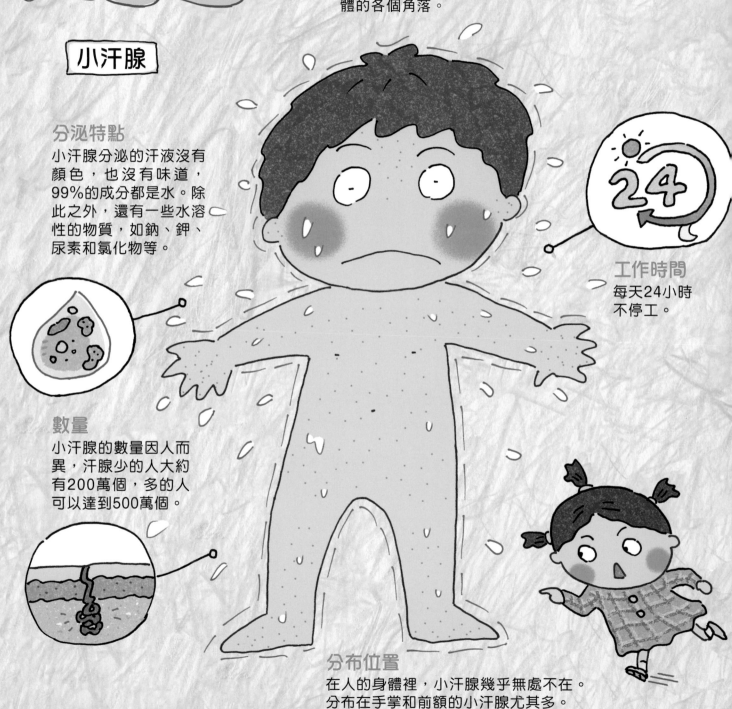

大汗腺

分布位置
大汗腺主要分布在腋窩、乳暈、肚臍和肛門等毛髮或褶皺多的地方。

工作時間
大汗腺在青春期分泌旺盛,老人和小孩的大汗腺都不發達。

分泌特點
大汗腺分泌的汗液是淡乳白色的濃稠液體,含有蛋白質、醣類和脂肪酸等多種物質。

大汗腺所分泌的汗液中物質豐富,在皮膚表面被細菌分解後,容易散發濃重的酸腐氣味。

數量
與小汗腺相比,同一個人身上大汗腺的數量要少得多。例如,腋窩處的大汗腺,大約只有300~600個。不過,每個大汗腺都有小汗腺的10倍大。

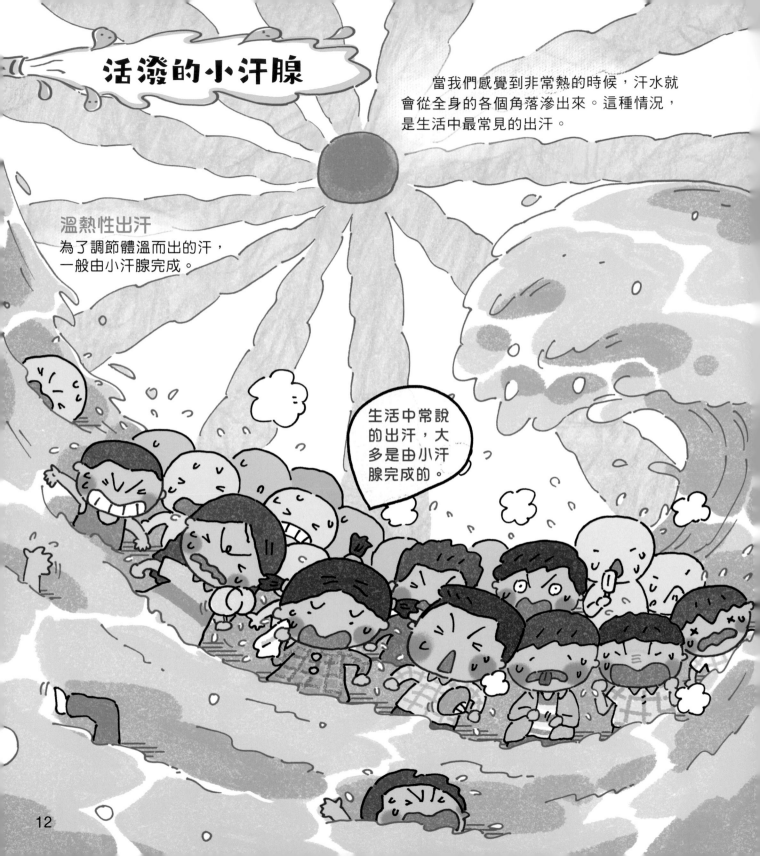

活潑的小汗腺

當我們感覺到非常熱的時候，汗水就會從全身的各個角落滲出來。這種情況，是生活中最常見的出汗。

溫熱性出汗
為了調節體溫而出的汗，一般由小汗腺完成。

在受到驚嚇或某些情緒影響時，我們的身體還會偷偷在一些角落裡出汗。

精神性出汗

在緊張、驚訝或害怕等情緒的刺激下，大汗腺會出汗。從刺激到發汗，整個過程一般不會超過20秒。手心、足底和腋窩是最常精神性出汗的部位。

測謊機在工作時，也會用到精神性出汗的原理。皮膚表面汗液的分泌情況，是測謊的依據之一。

13

千奇百味的汗

汗液本身是沒有味道的，但是，當汗液與皮膚表面的細菌發生反應，或身體患有特殊疾病時，汗液就會散發出不同的氣味。

酸味

當人的運動量過大時，會流很多的汗。這些汗裡的尿素和鹽酸分解後，會產生酸酸的氣味。

別擔心，只要勤換衣服，汗味不會停留太久的。

蔥蒜味

在吃了大量的大蒜和大蔥後，即便過了兩三天，蒜味和蔥味還是可以透過汗液散發出來。

香料味

食用咖哩等濃烈香料製成的食物，會使我們的汗液散發出香料的氣味。

乳酪味

大部分人運動時流的汗，都會含有脂肪酸。脂肪酸被細菌分解後，會散發出乳酪的氣味。

食物也會導致汗液的味道發生變化！

果香味
糖尿病患者的汗液有一股水果香。當他們的血糖較低時，這種香味會很清新。

楓糖漿味
當小孩患有楓糖尿症時，汗液會散發出楓糖漿味的芳香。

尿味
因為腎功能衰退，尿毒症患者無法正常藉由尿液排出代謝廢物。當汗液中含有部分代謝廢物時，便會帶有尿的氣味。

腥膻味
如果汗液十分黏稠，並發出一股牛羊肉和魚肉混雜的腥膻味，是患有魚臭症的緣故。

狐臭味
腋窩大汗腺分泌的汗液，在細菌的作用下被分解，會散發出一種特殊氣味。這種氣味和狐狸肛門的氣味相似，所以被稱作狐臭。

15

我們每天會流多少汗？

我們的皮膚每時每刻都在出汗，只不過在一般情況下，汗液還未成形就被蒸發掉了，所以我們看不見汗珠，也沒有出汗的感覺。

一般情況下，我們每天會排出500～1000毫升的汗液（1～2瓶礦泉水）。

到了夏季，我們每天排出的汗液可達1500～2000毫升（3～4瓶礦泉水）。

勤換內衣和勤曬被褥非常重要喲！

晚上睡覺時，我們也會出汗。一個人平均每年會在床上流出大約100升的汗液（5桶桶裝水）。

運動時，我們的體溫會升高，這就需要透過出汗，把體內的熱散發出去。於是，只要運動不停，汗液就會不斷地往外流。

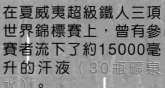

在夏威夷超級鐵人三項世界錦標賽上，曾有參賽者流下了約15000毫升的汗液（30瓶礦泉水）。

而鐵人三項運動員比賽時，在一小時內，就可以流出大約4000毫升的汗液（8瓶礦泉水）。

一個人在做普通強度的運動時，平均每小時流出700～1500毫升的汗液（1.5～3瓶礦泉水）。

一個人在做劇烈運動時，平均每小時流出1500～1800毫升的汗液（3～3.6瓶礦泉水）。

無論多麼缺水，身體為了散熱，都不會停止出汗。在中暑昏倒前，流下的汗有可能會接滿幾個小桶！

把流出的汗補回來！

我們的身體每天都會流出大量的汗，特別是在運動的時候。那流出去的汗應該怎樣補回來呢？

運動前10～20分鐘
應該喝200～300毫升水，持續補充水分。

運動前2～3小時
需要喝500～600毫升水，以確保身體在運動時不會脫水。

日常補水
一天中，人體正常所需的水分約為2000毫升。

運動的時長在80分鐘以內，補充普通的白開水就可以了。只有在長時間的劇烈運動後，才需要補充鹽水。

運動結束後
補充水分，讓身體回到運動前的重量，
保證失水量和補水量大致相當。

運動時
每隔10～20分鐘，要喝
100～200毫升水，來
保持身體的水分。

不要一次性喝下大
量的水！這有可能會
引起水中毒，引發頭昏
腦漲、嘔吐等症狀，
嚴重時，還會危及
生命！

出汗多少有講究

出汗是身體運轉的正常現象，如果一點兒汗也不出，又或者不分時間、地點大量出汗，都會對身體健康造成影響。

無汗症

無汗症是指，與正常人的出汗量相比，全身或者局部皮膚的出汗量明顯不足，甚至終年都不出汗的症狀。

患有無汗症的人，一般還會有皮膚乾燥枯槁、毛髮稀少、指甲變形缺損、牙齒異常和舌有裂紋等情況。

因此，在炎熱的環境中，患有無汗症的人常常需要外界輔助散熱，如人工濕潤皮膚。不然，他們會很容易中暑。

我可以把空調關掉嗎？

患有無汗症會很容易感到疲勞，在熱的環境中，會皮膚潮紅、體溫升高、心率增高。

龜「汗」辨天氣

「烏龜背冒汗，出門帶雨傘。」在中國古代，人們根據龜背是否「冒汗」來判斷會不會下雨。從科學的角度分析，這是因為空氣濕度較大時，會有水蒸氣凝結在龜背上。

古代的「身體乳」

古希臘時期，運動員們喜歡在身上塗抹橄欖油，這樣既能滋潤皮膚，又能防止曬傷。他們還會隨身攜帶一個小瓶子和一個弧形刮片，隨時將油和汗的混合物清理乾淨。

出汗也致病

古代中國的軍隊規定，戰鬥結束後，不能立刻脫下鎧甲。這是因為打仗時，鎧甲內的汗液無法及時排出，如果立即脫甲吹風，容易「中風」。這種因為脫甲導致的「中風」，也被稱為卸甲風。

香水的特殊作用

中世紀的歐洲，經常暴發瘟疫。病毒常常透過水傳播和擴散。所以，醫生會建議人們少洗澡。為了掩蓋身上日積月累的汗臭味，那時的人們常常使用香水。

汗熱病

中世紀的英國多次暴發汗熱病。病人通常急速高燒、大量出汗，最後因為嚴重脫水而死。奇怪的是，這種病總是突然來臨，又突然消失，並且「偏愛」英國人，特別是英國的貴族。

汗液實驗室

人工汗液
科學家藉由模仿汗液的成分，調配人工汗液，用它來檢測電鍍件的耐腐蝕性。

可穿戴的汗液感測器
汗液感測器能透過汗液，即時監測病人體內的營養指標。同時，還能檢測汗液中的藥物含量，幫助醫生及時調整治療方案。

變汗為電
新加坡國立大學的研究人員發明了一種可以「變汗為電」的新型奈米吸水材料。它不僅可以吸取皮膚表面的汗液，還可以用這部分汗液發電。

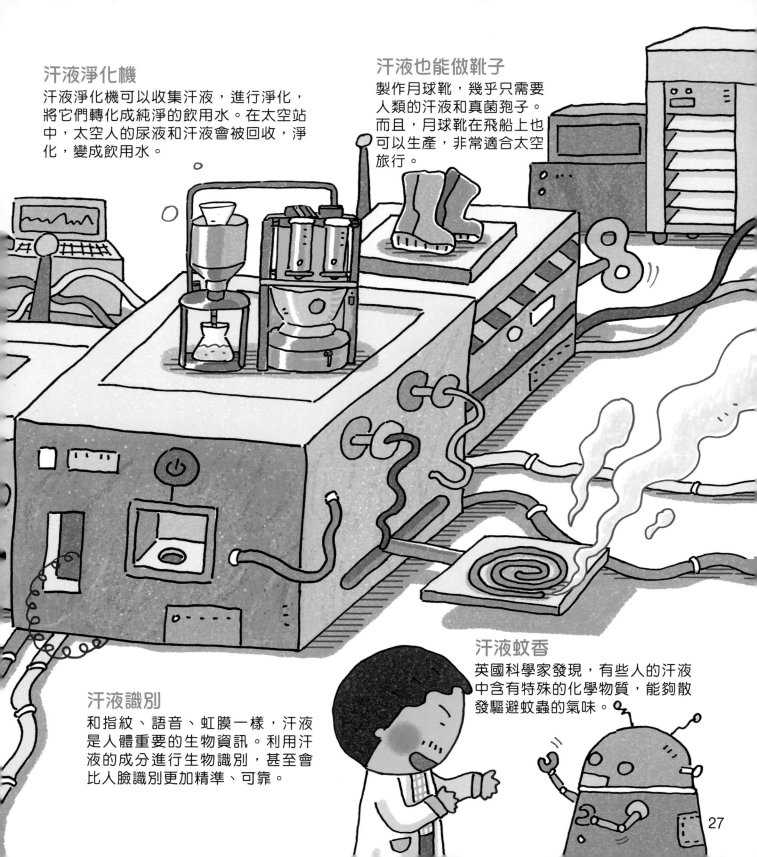

汗液淨化機

汗液淨化機可以收集汗液，進行淨化，將它們轉化成純淨的飲用水。在太空站中，太空人的尿液和汗液會被回收，淨化，變成飲用水。

汗液也能做靴子

製作月球靴，幾乎只需要人類的汗液和真菌孢子。而且，月球靴在飛船上也可以生產，非常適合太空旅行。

汗液識別

和指紋、語音、虹膜一樣，汗液是人體重要的生物資訊。利用汗液的成分進行生物識別，甚至會比人臉識別更加精準、可靠。

汗液蚊香

英國科學家發現，有些人的汗液中含有特殊的化學物質，能夠散發驅避蚊蟲的氣味。

27

語文書中的「汗」

汗血寶馬

有一種馬，能日行千里，它們的皮膚較薄，奔跑時，甚至能看到血液在血管中流動。於是，當汗液流出時，便會給人馬在「流血」的錯覺。因此，人們稱這種馬為汗血寶馬。

汗馬功勞

古代將士大多騎馬作戰。汗馬是指連馬都累得出了汗，側面反映了征戰的勞苦。因此，汗馬功勞原指戰功，現在泛指很大的功勞。

汗牛充棟

在紙沒有被發明之前，古人用竹簡做書。因此，搬運書籍時，常用牛運輸沉重的竹簡。汗牛是指連牛都累得出了汗；充棟是指書多得堆滿了屋子。汗牛充棟一詞被人們用來形容書籍非常多。

汗青

古人製作用來記事的竹簡，要先用火烤去青竹中的水分。這時，青竹會冒出許多水珠，就像人出汗了似的。所以，古人也稱竹簡為汗青。後來，汗青一詞也被用來泛指書籍史冊。

汗顏

古人常說的汗顏實際上是一種精神性出汗。最初，汗顏是指一個人因羞愧而臉上出汗，後來泛指慚愧。

汗流浹背

相對於手腳來說，人背部汗腺的密度是非常小的。當一個人連背部都流滿了汗，可見出汗是非常多了。汗流浹背是指汗水濕透了背上的衣服，形容汗出得很多。

動物也會出汗嗎？

大猩猩的汗腺十分發達，全身都會出汗。

猴子的汗蒸發以後，會在毛髮上留下鹽粒。因此，牠們經常在同伴的身上撿鹽粒吃。

馬的汗腺很發達，即便是在劇烈運動時，也能透過排汗調節體溫，牠們可是動物界的長跑能手呢！

牛的汗腺不發達，僅分布在腳趾間的皮膚和口鼻處。

松鼠的汗腺不發達。當牠們特別熱時，會選擇在樹洞中躲避強烈的陽光。

狗的汗腺不發達，只分布在腳趾間的皮膚上。因此，當牠們特別熱時，需要吐舌頭或趴在地上來散熱。

鳥類的汗腺不發達。牠們會用張嘴呼吸的方式來調節體溫。

獵豹的汗腺不發達。因此，當牠們特別熱時，會靠喘息來散熱，讓水分帶著熱氣從嘴巴和鼻黏膜處散發。

蛇沒有汗腺。覆蓋全身的鱗片，會幫牠們保存體內的水分。牠們會躲在陰暗的地方，調節自己的體溫。

兔子沒有汗腺，依靠兩個血管豐富的長耳朵散熱。

大象沒有汗腺，所以一般在早晚活動。牠們的兩個大耳朵裡藏有豐富的血管，扇動起來能起到散熱的效果。當牠們特別熱時，會用鼻子給全身噴水降溫。

31

小遊戲

放學後，同學邀請你一起去操場跑步。你很想去，但今天沒有穿運動鞋，衣服也穿得有點兒厚，該怎麼辦呢？

拒絕 → 告訴同學今天自己不適合運動，約好明天再跑步，然後坐公車回家了。

去跑步

跑完步，出了一身汗，你有些猶豫：是趕緊擦汗、回家洗澡，還是讓汗被風自然吹乾？

擦汗 → 準備回家，這時你看到文具店辦促銷活動，好多人擠在門口。

風乾

先回家

去看看

帶著一身汗的你準備去便利店買水喝。正巧碰到了同學，邀請你去打籃球。

拒絕

加入 → 打了兩局籃球，衣服都被汗浸濕了，這時，他們提議再來最後一局。

回家洗澡

繼續打球

清清爽爽地回家。

到達公車站，順利地上車了。

衣服上有些汗漬，靠近你時，能聞到汗味。

從悶熱、擁擠的文具店離開後，身上又出了好多汗，就這樣上了公車。

由於出汗過多，身上的汗味十分明顯。

又打完一局籃球後，全身都濕透了。一路狂奔，終於趕上了回家的末班車。車上全是人，你一直在出汗。

汗味臭氣熏天，其他乘客都忍不住捂住了鼻子。

小遊戲

天氣太熱了，請用你的火眼金睛找出會流汗的動物們，並在相應部位畫出汗滴，幫助大家順利地出汗散熱吧！

蛇

人

松鼠

馬

牛

猴子

鳥

獵豹

兔子

大象

狗

作者介紹

 成立於2011年，扎根童書領域多年，致力於用優秀的專業能力和豐富的想像力打造精品圖書，已出版300多本少兒圖書。主要作品有《逗逗鎮的成語故事》、《古代人的一天》、《西遊漫遊記》、《拼音真好玩》、《文言文太容易啦》等系列圖書，版權輸出至多個國家和地區。其中，《皇帝的一天》入選「中國小學生分級閱讀書目」（2020年版），《森林裡的小火車》入選中國圖書評論學會「2015中國好書」。

主創團隊

段穎婷

張卓明

韋秀燕

陳依雪

王　黎

黃易柳

周旭璠

審讀

張緒文　義大利特倫托大學生物醫學博士

高　梅　北京空軍特色醫學中心皮膚科主治醫師